AF582149

AVIS
DU CONSEIL GÉNÉRAL D'AGRICULTURE
SUR
L'IRRIGATION
CONSIDÉRÉE COMME REMÈDE
A LA CHERTÉ DES MATIÈRES ANIMALES.

MÉMOIRE

Présenté par M. D'ESTERNO,

membre de plusieurs sociétés d'agriculture.

SUIVI

des deux rapports de M. de Gasparin, et d'un projet de loi sur l'Irrigation.

PARIS,
IMPRIMÉ CHEZ PAUL RENOUARD,
RUE GARANCIÈRE, N. 5.
1842.

MÉMOIRE

PRÉSENTÉ AU CONSEIL GÉNÉRAL D'AGRICULTURE

SUR LA

CHERTÉ DES MATIÈRES ANIMALES

EN FRANCE.

CHAPITRE PREMIER. — DE L'IRRIGATION CONSIDÉRÉE DANS SES RAPPORTS AVEC LE PRIX DES MATIÈRES ANIMALES.

La cherté des matières animales va toujours croissant en France.

Si cette cherté résultait d'une augmentation dans les demandes des consommateurs, on pourrait soutenir, quoiqu'à tort, qu'elle n'est point préjudiciable à l'état, puisque les producteurs nationaux approvisionnent seuls le marché et profitent du haut prix payé par les consommateurs. Mais ce n'est point ainsi que vont les choses; la masse de viande consommée par tête d'habitant a diminué, comme l'indiquent assez les tableaux statistiques qu'on a vainement torturés pour en faire sortir une induction contraire. Et, malgré cette réduction sur la demande, les producteurs n'ont pu suffire aux besoins; la concurrence des acheteurs a fait monter le prix au-delà de toutes les limites connues. En

1841, on a vu à Paris la viande de bœuf à 95 cent. le 1/2 kilog.

Avant de rechercher la cause de cette cherté des matières animales, il faut en exposer les effets.

Pour ne nous occuper d'abord des matières animales que comme comestibles, qu'arrive-t-il de leur cherté ? Que les classes riches peuvent seules s'en procurer en quantité suffisante et que les classes pauvres qui en auraient surtout besoin, sont réduites à s'en priver presque toujours. Aprés des travaux fatigans, l'ouvrier doit se contenter d'une nourriture végétale qui l'empêche de mourir, mais qui ne le fortifie pas. Cette abstinence forcée entraîne après elle des résultats sans nombre.

Nous ne parlerons pas de la souffrance que produit le travail sur des corps mal nourris; supposons que l'homme, et l'homme pauvre surtout, soit né pour souffrir, et voyons quelle réaction sa misère pourra produire sur le corps social tout entier.

Industriellement parlant, elle diminue la masse des produits, puisque c'est un fait malheureusement acquis à l'histoire que l'ouvrier français travaille moins que certains ouvriers étrangers, que l'ouvrier anglais, par exemple.

Hygiéniquement parlant, elle le rend débile et sujet aux maladies;

Économiquement parlant, elle diminue l'énergie et la durée de la force active.

Financièrement parlant, elle réduit les revenus du trésor qui sont en grande partie fondés sur la consommation : or, nul homme ne peut consommer qu'en proportion de ce qu'il a.

Militairement parlant, elle appauvrit les races et rend les conscrits impropres au service.

Politiquement parlant, elle crée des populations souffreteuses et mécontentes. On voit constamment figurer dans tous les troubles des gens que le désespoir seul y a jetés.

Moralement parlant, elle pousse aux mauvaises actions. Il y a long-temps qu'on a dit: *Male suada fames*, ce qu'un de nos poètes a traduit par ces mots : *Ventre affamé n'a point d'oreilles.*

Si nous examinons maintenant les produits animaux comme matières premières d'une foule d'industries, telles que celles qui s'exercent sur les laines, les crins, les cuirs, nous trouverons que leur cherté met l'industrie nationale hors d'état de lutter contre la concurrence étrangère. En supposant l'égalité dans les procédés et les dépenses de la fabrication, le produit français demeure grevé de la différence entre le prix de ses matières premières et le prix moins élevé des matières premières de l'étranger.

Ainsi, de quelque côté qu'on envisage la cherté des matières animales, elle présente des causes incontestables d'appauvrissement pour le pays. Cette vérité est si généralement admise que, lorsque la chambre des députés s'est occupée cette année même de la question, il s'est présenté des orateurs pour demander ou repousser l'introduction des bestiaux étrangers; d'autres, pour exposer, avec plus ou moins de bonheur, les causes de haut prix des nôtres: mais nul n'a tenté de faire considérer ce haut prix comme un état de choses désirable et comme une richesse pour l'état.

La même remarque s'applique aux journaux, du moins à tous ceux qui nous sont parvenus.

L'existence et l'intensité du mal étant donc universellement reconnues, on a dû s'occuper d'en rechercher les causes, et sur ce point les opinions les plus opposées se sont produites. Quelques-uns ont placé en première ligne les droits d'octroi et quelques circonstances transitoires provenant de l'organisation de la boucherie : c'étaient là des considérations vraies, mais microscopiques et qui n'entraient pas pour un cinquantième dans la somme totale. C'est de plus haut que venait le mal et, pour en trouver la source, il ne fallait pas descendre vers les dernières préparations que subit la viande; il fallait remonter vers les premiers procédés de sa production.

Que l'on suppose les droits d'octroi supprimés et la boucherie sans privilège, sans coalition et sans abus d'aucune sorte, la viande n'en demeurera pas moins plus chère en France qu'elle ne l'est dans les pays étrangers.

On s'en convaincra si l'on veut bien réfléchir qu'il n'y a pas de viande sans fourrages, et qu'en France les fourrages manquent partout.

Les agriculteurs les plus éclairés estiment qu'en Allemagne la proportion des prés aux terres arables est comme un est à trois, tandis qu'en France elle est comme un est à sept. Comment la production française pourrait-elle lutter contre une pareille supériorité? La preuve que notre infériorité ne vient pas des causes secondaires et partielles auxquelles quelques-uns l'attribuent, c'est qu'elle est générale et s'étend aux produits que ces causes ne frappent pas. Par exemple, les chevaux n'ont rien à démêler avec les octrois et la boucherie. Ils n'en sont pas moins supérieurs en Allemagne à égalité de prix, et quelquefois même à infériorité de prix.

Les bêtes bovines, chevalines ou ovines sont le résultat des fourrages qui sont eux-mêmes le résultat des prés. Ainsi, lorsqu'on dit que les Allemands ont trois fois plus de prés que nous, c'est comme si l'on disait qu'ils ont aussi trois fois plus de bestiaux; et il n'y a pas lieu de s'étonner que l'abondance produise le bon marché et que le haut prix résulte de la pénurie.

C'est donc à multiplier ses prairies que la France aurait dû s'appliquer; mais, par une préoccupation malheureuse, elle a donnée une autre direction à son agriculture. Elle s'est occupée de vers-à-soie et de magnaneries; elle a voulu produire du tabac et d'autres plantes tropicales. Elle a importé des végétaux exotiques, recommandés surtout par la barbarie de leurs noms; elle s'est approprié *l'oxalis crenata*, le *phormium tenax* et nombre d'autres dont la nomenclature serait trop étendue. Quant au simple foin dont la réussite était indubitable et le débouché assuré, elle n'a pas paru en sentir l'importance. Loin d'en encourager la propagation par des lois protectrices, elle a créé ou conservé des réglemens funestes qui rendent impossible l'extension de cette précieuse culture.

En parcourant les journaux d'agriculture, les comptes rendus des sociétés agricoles et les ouvrages plus étendus publiés depuis vingt ans, une remarque nous a constamment frappés. Ces écrits s'étendent tous sur la nécessité de multiplier les fourrages, afin d'augmenter les bestiaux et les engrais, et ils concluent tous en recommandant la culture des prairies *artificielles.* Ils ont assurément raison de recommander ces prairies ; mais est-ce que les prairies *naturelles,* partout où elles sont possibles, n'atteindraient pas le même but, et à de moindres frais ? Est-ce que les prés arrosés ne donnent pas d'abondantes récoltes, sans demander d'autres engrais que l'eau des rivières ? Est-ce que l'agriculture doit s'occuper exclusivement des produits *artificiels,* et négliger ceux qui sont simples et que la nature produit presque sans l'aide de l'homme ?

Il n'y a pas de parallèle à faire pour l'abondance des produits entre les prairies arrosées et les prairies artificielles; la comparaison serait trop à l'avantage des premières. Nous ne prétendons pas dire que les luzernes, à étendue égale, rendent un poids moindre que les prairies naturelles ; nous les considérons comme des prairies exceptionnelles, parce qu'elles exigent des terrains d'élite et ne réussissent que dans les plus fertiles; mais, si l'on veut calculer les produits du trèfle qui est le plus souvent employé pour les prairies artificielles, on trouvera que son produit n'est guère supérieur, pendant l'année de son existence, à celui d'une bonne prairie arrosée. L'année d'après, le terrain porte du froment ; le trèfle ne peut reparaître qu'au bout d'une rotation de récolte qui dure quatre et quelquefois sept ans : or, pendant ces quatre ou sept années, la prairie arrosée ne cesse de produire une masse de fourrage qui s'élève de 5 à 7,000 kilogrammes par hectare et par an. Le trèfle peut-il en une année donner quatre ou sept fois ce poids, c'est-à-dire de 20 à 48,000 kilogrammes ?

La prairie arrosée doit donc être considérée comme rendant, à étendue égale, une masse de fourrage très supérieure à celle que rendent, en moyenne, les prairies artificielles; mais ce n'est pas le seul avantage qu'elle ait sur elles. La prairie naturelle existe seule et par ses propres forces; on peut l'isoler de toute autre culture en vendant le foin, elle n'en prospérera pas moins, sans repos, sans rotation et sans engrais autre que l'eau des rivières. Il n'en est pas ainsi des autres cultures; les divers assolemens dans lesquels se placent les prairies artificielles ont presque toujours besoin de posséder quelques prés naturels dont on vend le foin quand les prairies artificielles ont réussi; mais lorsqu'elles ont manqué, on réserve pour l'usage de la ferme la récolte du foin qui est toujours assurée. Bien qu'on voie quelques cultivateurs, plus habiles ou plus hardis que les autres, entreprendre une exploitation sans prairie naturelle, on peut cependant assurer que l'état contraire est le plus habituel et que presque partout la majorité des agronomes refuserait de se charger d'une entreprise agricole qui ne posséderait pas de prés.

La prairie naturelle aide donc à la création des prairies artificielles, tandis qu'elle peut elle-même se créer sans le concours de ces prairies.

Ce n'est pas tout. La prairie artificielle exige une grande masse d'engrais; elle n'en demande pas impérieusement dans l'année même de son établissement, mais alors il faut que le terrain en ait été saturé dans les années antérieures. Que faire donc si l'engrais n'existe pas ou existe en petite quantité?

D'autre part, le fourrage donné par les prairies artificielles et les engrais résultant de ce fourrage sont nécessairement consommés dans la ferme et reversés sur le terrain qui les a produits. Ainsi, il n'en résulte pour la société nulle augmentation dans la masse des fourrages et des engrais existans sur le marché. C'est le contraire pour les prés naturels qui donnent leur récolte entière, sans en rien réclamer ensuite sous aucune forme.

Ainsi les prés arrosés vont bien plus directement que les prairies artificielles au but où doit tendre notre agriculture, à la multiplication des fourraegs disponibles.

Nous avons montré que les prés naturels, considérés du point de vue de l'intérêt général, étaient supérieurs aux prairies artificielles; il nous reste à voir s'ils sont aussi avantageux à leurs propriétaires qu'au public; question grave et fondamentale! car on ne peut attendre des cultivateurs qu'ils servent la société à leurs frais et au préjudice de leur propre fortune.

On peut comparer sous divers formes les avantages respectifs des deux genres de prés, considérés comme propriétés privées et abstraction faite de leurs effets sur le bien-être social.

En effet, tel propriétaire de pré l'a acheté pour le revendre après en avoir augmenté la valeur. Tel autre veut le conserver et désire seulement en grossir le revenu.

Quelques-uns ont trouvé le pré tout fait et se contentent de l'améliorer. D'autres l'ont pris à l'état de terre arable et transformé en pré à l'aide de quelques soins et d'une quantité suffisante d'eau.

Comme la valeur vénale d'un pré est toujours en proportion directe de son revenu, il suffit d'établir correctement ce revenu; en le multipliant par 30 environ, on connaîtra le prix du pré, qui n'est que son produit capitalisé.

Si les évaluations cadastrales se trouvaient réunies dans un travail collectif, nous en aurions présenté un extrait pour faire voir combien la valeur des prés arrosés excède, dans chaque département, la valeur des autres cultures; mais il aurait fallu chercher au chef-lieu des 86 départemens ces renseignemens qui n'ont point été rapprochés et qui ne se trouvent point au ministère, comme nous nous en sommes assurés. Un pareil travail ne pouvait être entrepris à propos d'un mémoire aussi succinct que celui-ci. Nous avons dû nous borner à consulter le cadastre de notre commune, celle de la Selle, près Autun, département de Saône-et-Loire; voici les chiffres qu'il nous a fournis :

	CLASSES.					
	1re	2e	3e	4e	5e	
Prés.	30 fr.	20 fr.	14 f. »	8 fr.	5 fr.	Revenu par hect.
Terres	18	10	6 »	3	1	
Bois.	9	5	4 »	»	»	
Pâtures.	7	4	1 20	»	»	
Étangs	3	»	» »	»	»	
Broussailles, Landes, Friches, environ. . .	1	»	» »	»	»	

Les prés arrosés à volonté deviennent tous, à l'aide de quelques soins, des prés de première classe : ainsi celui qui mettra en prés arrosés des prés de cinquième classe ou des bois de deuxième sextuplera la valeur de sa propriété; celui qui traitera de même des étangs ou des terres de quatrième classe, la décuplera, et celui qui agira sur des friches ou des terres de cinquième classe, la trentuplera.

L'opération serait trop belle si ces gigantesques résultats pouvaient être obtenus sans de fortes dépenses; nous en rendrons compte tout-à-l'heure, et nous montrerons qu'elles restent bien au-dessous de l'immensité des produits : mais, avant d'aborder ce grave examen, il faut revenir sur les évaluations qui viennent d'être données et les fortifier par quelques calculs tirés, non d'un document écrit, mais de la nature même et de ce qui se passe sous nos yeux.

Tout le monde sait que les chiffres du cadastre ne sont exacts que relativement; ils fournissent la proportion comparée des valeurs, ils n'en fixent pas la quotité. Ainsi, dans l'exemple qui nous occupe, il n'est pas vrai que le pré de première classe rapporte 30 fr. l'hectare et la friche 1 fr., il faudrait plus que quintupler ces chiffres pour arriver à la réalité; mais il est vrai que le pré de première classe rapporte trente fois autant que la friche : c'est là tout ce qu'on a voulu établir, et le mot *franc* est employé seulement pour désigner l'unité.

Les experts qui ont exécuté ce beau travail savaient parfaitement qu'ils n'atteignaient pas la valeur réelle; mais il constataient ce fait que le produit de la friche est au produit du pré comme 1 est à 30.

Essayons maintenant d'arriver à la valeur réelle.

Le pré arrosé doit rendre par hectare au moins sept milliers (7000 demi-kil. de première coupe), il en rend fréquemment neuf ou dix. Si l'on estime le foin au prix très modéré de 25 fr. le millier, on aura un produit de 175 à 250 fr., ce produit doit être considéré comme le revenu net du pré, attendu que les regains ou secondes herbes doivent payer très largement les frais de récolte qui s'élèvent suivant les localités de 3 à 5 fr. par millier.

La friche ne donne aucune récolte; mais elle peut servir au parcours des moutons et, si on la loue pour cet usage, elle produit de 5 à 8 fr. ce qui est à-peu-près le trentième du revenu du pré.

Les étangs rapportent par an de 18 à 24 fr. l'hectare, les terres de quatrième classe n'atteignent pas en général à ce chiffre : ainsi les évaluations cadastrales sont justifiées par l'expérience, non comme estimation absolue, mais comme estimation comparative.

Si l'on capitalise un revenu de 175 à 250 fr. par hectare, soit en moyenne et en nombre rond 210 fr. on aura au taux ordinaire de 3 p. 0/0. 7,000 fr. de capital et c'est en effet la valeur des prés arrosés partout où ils trouvent réunies les conditions qu'ils aiment, c'est-à-dire de l'eau en abondance, des pentes convenables et des soins éclairés.

Néanmoins pour laisser une large part aux erreurs, aux méprises, aux fautes même des exécutans, supposons aux prés arrosés une valeur de 3,000 fr. par hectare; c'est ce que valent les prés non arrosés, pour peu qu'ils soient dans un bon sol ; et voyons si, à ce prix réduit, il ne reste pas encore assez de bénéfice pour faire de la création de ces prés une opération des plus lucratives.

Si l'on achète dans les pays granitiques, tels que l'Autunois, une propriété un peu considérable, mélangée, comme il arrive presque toujours, de terres arables, de pâtures, de bois, de landes et de prés en petite quantité, on paiera le tout sur le pied de 500 fr. l'hectare, au moins et de 1000 fr. l'hectare au plus; prenons le maximum et supposons que l'acheteur ait payé sur le pied de 1000 fr. l'hectare. Il devra revendre aussitôt les parties qu'il ne pourrait pas irriguer et, comme il n'y a pas de motif pour qu'il perde on gagne sur cette revente, nous la mentionnons pour mémoire et nous revenons à la portion qu'il conserve et qu'il va irriguer.

Voici la dépense moyenne nécessaire pour convertir en pré une terre arable ou une lande, telle qu'elle résulte de notre expérience personnelle et telle que la présente une comptabilité tenue avec soin.

§ I. *Frais généraux et conduite des eaux.*

1° Prise d'eau avec vannages, plus un canal de dérivation portant trois mètres de section, le tout pouvant coûter environ 3,000 fr.: si l'on suppose l'irrigation étendue à cent hectares, il en résultera par hectare une dépense de . . . . . . 30 fr.

2° Canaux secondaires: cent mètres au plus d'un canal de 0. m. 70 c. de largeur moyenne, cubant 0. 25 mètres par mètre courant. 25 mètres cubes, à 16 c. le mètre. 4

3° Rigoles principales et petites rigoles avec pente de 0.m 003 à 0. 007. 1 kilomètre. 8

4° Empellemens. Deux empellemens au prix de 6 fr. ou trois au prix de 4 fr. . 12

A reporter. . . . 54

	Report. . . .	54
5°	Fossés d'assainissement, cent mètres de fossés cubant o. 25 m. par mètre courant.	4

§. II. — *Nivellemens.*

6°	Deux labours pour ameublir. . . .	40
7°	Un fort hersage.	6
8°	Nivellement avec le niveleur à bœufs. .	10
9°	Nivellement à bras.	50

§. III.—*Ensemencement et fumure.*

10°	Vingt-cinq hectolitres de chaux vive, y compris l'étendage.	60
11°	Graines de prés et main-d'œuvre. . .	60
12°	Trait de herse et rouleau.	6
13°	Epierrage.	10
	TOTAL. . .	300

Si les travaux sont bien dirigés, la dépense moyenne doit rester au dessous de ce chiffre.

D'abord, nous avons pris le cas le plus coûteux, celui de la transformation d'une terre arable en prairie; s'il s'agit d'un pré déjà fait à arroser, on économisera la semence, la charrue, la herse, l'épierrage et le niveleur à bœufs. Il est vrai que le nivellement à la main deviendra plus coûteux, mais il sera loin d'atteindre au chiffre total de ces dépenses réunies.

Si l'on traite un terrain calcaire, il n'est pas nécessaire 'y répandre de la chaux.

L'épierrage n'a pas lieu, lorsqu'il n'y a pas de pierres à la surface.

Enfin les travaux ci-dessus énumérés sont calculés de

manière à verser sur les prairies 15, 30, et jusqu'à 40 centimètres d'eau par vingt-quatre heures. On obtiendra une économie considérable si l'on veut se contenter, comme le conseillent quelques irrigateurs de 1 centimètre par vingt-quatre heures, ou de 7 centimètres par an, proportion que l'administration des ponts-et-chaussées croit suffisante. (1)

Il faut ajouter à cette dépense totale de 300 fr. deux années du produit de la terre que l'on doit supposer perdues, attendu que le pré semé ne rendra presque rien la première année et pas grand'chose la deuxième. le prix d'acquisition étant supposé de 1,000 fr. les deux années auraient rendu à 3 p. 0/0. 60 fr.; c'est donc 360 fr. de dépenses à ajouter aux 1000 fr. primitivement déboursés. Eh bien! si pour 1360 fr. on peut créer un pré que nous estimons 3000 fr. et qui en vaudra ordinairement plus de 5000, on aura fait une opération d'autant plus belle qu'il est possible d'opérer à-la-fois sur de très grandes masses.

L'auteur de ce mémoire a commencé au mois de mars, 1839, à travailler 300 hectares de terrains divers qu'il voulait et pouvait irriguer; les trois quarts des travaux sont achevés aujourd'hui en septembre, 1841. Dans dix-huit mois, c'est-à-dire au bout de quatre ans de travaux, les 300 hectares seront en état et, quand on supposerait que leur valeur ne surpassera que de 1000 fr. par hectare leur valeur primitive cumulée avec les frais de travaux, il resterait encore 300,000 fr. de bénéfices

---

(1) Il y a des cas où il convient en effet de se contenter de cette irrigation parcimonieuse, mais il y en a d'autres où elle serait insuffisante : ce n'est pas ici le lieu de nous étendre sur ces distinctions.

obtenus en quatre ans. Ce n'est pas un profit à dédaigner; et il faut bien remarquer que les travaux pouvaient être entrepris dans des conditions plus favorables : la terre n'a point été choisie pour l'irrigation et achetée *ad hoc*. Le propriétaire a utilisé ce qu'il avait sous la main et on ne saurait guère douter de la possibilité de faire mieux, en choisissant avec soin une localité mieux disposée ou plus étendue.

CHAPITRE DEUXIÈME. — DES EFFETS DIRECTS ET INDIRECTS DE L'IRRIGATION.

Nous avons vu que l'irrigation devait donner de sept à dix mille demi-kilogrammes de foin par hectare. Les prés non arrosés ne rendent en moyenne que la moitié de ce produit; ainsi tout vieux pré qui sera soumis à ce régime verra doubler ses récoltes par ce seul fait.

Les terres arables mises en prés arrosés donneront au bout de trois ou quatre ans de 7 à 10 mille demi-kil. par hectare, qui seront ajoutés en entier à la masse des fourrages français.

Tatham évalue la masse des terrains irrigables en Angleterre à plus du dixième de son étendue totale. Prenons un chiffre beaucoup plus bas et supposons qu'en France on ne puisse irriguer que dans la proportion de quatre hectares sur cent (1); on aurait encore plus de deux millions d'hectares de terrains arrosés, étendue énorme et qui ferait plus que tripler le nombre de nos bestiaux.

Pour bien comprendre toute l'influence des prés ar-

(1) Aucun relevé n'a été fait en France, et cette supposition est basée uniquement sur les calculs de Tatham dont nous ne nous portons pas garant.

rosés sur l'avenir de notre agriculture, il faut les observer dans leurs résultats indirects.

On doit tenir compte au pré arrosé non-seulement des fourrages qu'il produit, mais encore de ceux qu'il fait produire. Les cultures perfectionnées, les assolemens réguliers donnent une grande masse de fourrages et de bestiaux : mais ces cultures perfectionnées ne peuvent guère exister sans le concours des fourrages naturels. Le pré est ordinairement la base des cultures perfectionnées, en ce sens, que sans prés naturels, sans fourrages disponibles, on ne peut ni créer la culture perfectionnée, ni être sûr de la maintenir dans certaines années où les prairies artificielles ne réussissent pas. L'existence d'un hectare de pré rend possible l'entretien de huit ou dix hectares de cultures perfectionnées rendant une énorme quantité de fourrages, pailles, racines et produits de toute sorte pour la nourriture des bestiaux. Si le point de départ manque, il n'y a plus de culture perfectionnée; il est donc juste de dire que le produit des cultures perfectionnées est dû en grande partie au pré naturel, puisque c'est lui qui les soutient et que sans lui elles n'existeraient pas.

Lorsqu'on a commencé à créer en France des prairies artificielles, on s'est servi pour cela du produit des prés naturels anciennement existans; mais lorsque ces prés ont été en grande partie absorbés, c'est-à-dire lorsqu'ils se sont trouvés englobés dans une culture perfectionnée d'une étendue huit ou dix fois supérieure à la leur et que chacun d'eux a eu à fournir d'engrais autant de prairies artificielles qu'il en pouvait nourrir, la multiplication des cultures perfectionnées s'est ralentie, puis dans certains pays, arrêtée tout-à-fait. Elle reprendrait immédiatement son essor si sa matière première, le pré naturel, reparaissait en plus grande quantité et pouvait offrir son secours à de nouvelles cultures.

En France, on a préconisé exclusivement les prairies artificielles. Les fermes modèles ont défriché leurs prés au lieu de les améliorer; pas une seule d'entre elles, à notre connaissance, n'a fait de l'art d'en tirer parti son étude principale. Tandis qu'en Angleterre, en Allemagne, en Suisse, les agronomes comptent surtout sur le produit de leurs bestiaux et regardent quelquefois comme secondaire la vente des fruits de la terre, nous avons au contraire paru penser que les bestiaux n'étaient qu'un moyen pour arriver à la production des récoltes. Les chevaux, les bœufs ne sont pour nous qu'une machine pour produire des engrais et des labours. Pourquoi n'en faisons-nous pas comme nos voisins une machine à produire directement de l'argent?

Notre intention n'est pas de présenter ce qui vient d'être dit comme une règle générale. Il ne conviendrait pas de substituer partout l'éducation des bestiaux à la production des céréales; plusieurs localités s'y refuseraient et les petites cultures ne s'y prêteraient pas; mais il ne convient pas non plus de généraliser la règle contraire et d'introduire partout la charrue, même là où elle doit diminuer la richesse publique. Néanmoins, pour satisfaire les partisans les plus exagérés du labourage, admettons pour un moment leur opinion comme juste et posons-leur la question suivante : Si, sur une ferme de cent hectares, on soustrait à la charrue dix hectares qui seront mis en prés arrosés et rendront tous les ns 100,000 demi-kilogrammes ; si ces 100,000 demi-kil. sont consommés sur place et employés à augmenter les engrais de la ferme, les 90 hectares restans ne donneront-ils pas, à l'aide de l'augmentation des engrais, plus que ne donnaient précédemment les 100 hectares? Il n'y a pas un agriculteur qui puisse répondre non.

Ainsi, dans l'intérêt même de la charrue, il faut encore multiplier les prés et, en restreignant son domaine, on augmentera ses produits.

CHAPITRE III. — DES ENTRAVES APPORTÉES PAR NOS COUTUMES A LA CRÉATION DES PRÉS IRRIGUÉS. — DES MOYENS DE LES LEVER.

Lorsqu'on développe devant des agriculteurs routiniers les avantages des prés arrosés, on entend souvent l'objection suivante :

Si les prés arrosés étaient productifs, tout le monde en établirait, tandis que presque personne n'en établit.

Ceux qui parlent ainsi ne réfléchissent pas qu'il ne suffit pas, pour entreprendre une opération, d'en avoir reconnu l'excellence ; il faut encore avoir des capitaux, de l'aptitude et n'être pas arrêté par quelque obstacle insurmontable. Nous allons examiner si l'irrigateur, même riche et habile, est libre d'exercer son industrie et si la loi ne lui a pas refusé jusqu'ici la protection qu'elle accorde souvent à des arts moins utiles.

L'irrigation ne peut donner, soit pour l'Etat, soit pour les particuliers, des résultats avantageux que si elle est pratiquée en grand ; une seule enclave, quelque minime qu'on la suppose, peut suffire pour rendre impossible une irrigation d'une immense étendue. On n'a pas pour l'irrigation la ressource de clore l'enclave d'un fossé et de cultiver autour : il faut suivre le niveau d'eau, sur quelque propriété qu'il passe. Mais si une seule enclave peut arrêter la plus vaste entreprise, qu'arrivera-t-il dans les terrains où la propriété est très morcelée? Si le consentement de cent propriétaires est indispensable, il s'en trouvera certainement quelqu'un qui refusera le sien, soit par aversion pour le changement, soit pour se faire payer ses terrains très cher, soit seulement pour tourmenter ses voisins. Or, est-il juste que l'obstination ou l'avidité d'un seul homme paralyse les efforts éclairés de quatre-vingt-dix-neuf autres. Si une vaste irrigation peut porter la richesse et l'abondance dans un pays, faut-il que ce pays demeure pauvre, parce qu'il contient un propriétaire malfaisant ou stupide?

Il ne s'agit pas de violer le droit sacré de la propriété. Ce droit est restreint dans certaines limites, et notre législation a depuis long-temps placé au-dessus de tous les titres de propriété le grand principe de l'utilité publique; mais nous n'avons pas besoin de l'invoquer.

Sans sortir du droit commun, nous réclamerons seulement les facilités accordées par la loi à tous les propriétaires placés dans certaines conditions, facilités dont l'utilité et la nécessité même sont universellement reconnues.

L'art. 682 du Code civil est ainsi conçu :

« Le propriétaire dont les fonds sont enclavés et qui
« n'a aucune issue sur la voie publique peut réclamer
« un passage sur les fonds de ses voisins pour l'*exploitation* de son héritage, à la charge d'une indemnité proportionnée au dommage qu'il peut occasionner. »

Pesons avec soin les termes de cet article.

1° On doit au propriétaire enclavé un passage pour

l'exploitation de son champ. Que signifie le mot *exploitation*? S'agit-il seulement de voiturer des semailles et de défruiter? non, le propriétaire enclavé peut aussi voiturer des engrais, et c'est sur ce point que nous appelons l'attention, parce que nous en tirerons plus tard quelques conséquences.

2° Toute propriété enclavée peut réclamer un chemin, quelle que soit son étendue et celle des terrains que son chemin envahira. Il est rare sans doute qu'une enclave ait besoin d'un chemin d'une contenance supérieure à la sienne; mais, le cas échéant, elle serait en droit de l'exiger, et l'homme qui posséderait au milieu de vastes champs une étendue de trois pieds carrés pourrait se faire donner un chemin large de neuf pieds et d'une longueur illimitée.

En présence de dispositions aussi précises et dont les conséquences pourraient devenir aussi exorbitantes, comment dénie-t-on à l'irrigation le droit de faire passer un mince filet d'eau sur les propriétés d'autrui? On peut bien conduire, à force de chevaux, de lourdes charrettes chargées de fumier solide, et si ce fumier est liquide, s'il n'exige qu'un fossé étroit qu'on pourrait même au besoin voûter, il n'est plus permis de l'y conduire!

On n'a donc pas réfléchi que, laisser passer l'eau quand on peut s'en servir, c'est perdre à plaisir un engrais tout fait et tout transporté. Jeter à la rivière des fumiers prêts à servir ou y laisser couler l'eau qu'on pourrait étendre sur des prés, c'est tout un, avec cette différence pourtant que l'eau se distribue avec des frais minimes, tandis que les fumiers coûtent beaucoup à transporter et à étendre.

Et tandis qu'un terrain enclavé peut légalement réclamer un chemin d'une contenance décuple et centuple de la sienne, comment refuse-t-on à l'irrigation le droit de creuser sur autrui un canal quel qu'il soit, fût-il du millième de l'irrigation projetée?

Autre contradiction. L'enclave peut bien réclamer un passage sur les terrains voisins et, les terrains voisins ne pourraient pas réclamer un passage sur l'enclave! Ainsi, si une commune entière se trouve d'accord pour irriguer 500 hectares, une enclave d'un centiare arrêtera l'opération, et dans le même temps cette enclave exigera un chemin long de 400 mètres à travers ces mêmes terrains auxquels elle refusera de l'eau.

Telle ne peut être et telle n'est pas en effet la pensée de la loi; car, qu'on le remarque bien, ce n'est pas la loi que nous attaquons, c'est son interprétation. Nous pensons qu'on la comprend mal, et que sans altérer le texte par une disposition législative, il suffirait de l'expliquer par un arrêt qui en fixerait le sens. C'est une affaire de jurisprudence, et nous ne voulons pas même dire que la jurisprudence se soit prononcée contre l'irrigation sur le point qui nous occupe. Ce n'est pas de son hostilité, c'est de son mutisme que nous nous plaignons; car nous ne pensons pas que la question ait été convenablement posée devant les tribunaux et résolue dans un sens défavorable à l'irrigation.

Il n'en est pas moins certain qu'à défaut d'arrêt, l'opinion commune a pour le moment tranché la question. On croit généralement que l'irrigation ne peut exiger un passage, et c'est cette croyance qu'il faudrait changer par des actes précis et incontestables.

En considération du besoin de prés que la France

éprouve, le passage pour l'eau devrait être de droit commun, mais dans certaines limites d'étendue. Il devrait y avoir une proportion entre le terrain à irriguer et le terrain d'autrui envahi par le canal. Quand cette proportion devrait être de 20 à 1, l'irrigation n'en aurait pas moins les moyens de se développer.

Et si l'on trouvait quelque difficulté à concéder le droit de passage à tous, il ne pourrait y en avoir à l'accorder à une compagnie, comme on l'a déjà concédé à celle du dessèchement des marais.

CHAPITRE IV. — DES MESURES A PRENDRE POUR ÉTENDRE L'IRRIGATION A TOUTES LES LOCALITÉS DE FRANCE QUI EN SONT SUSCEPTIBLES,

Supposons le droit de passage admis, il resterait deux ordres de mesure à prendre pour passer de la théorie à la pratique et arriver à une application matérielle.

§ I. — *Mesures financières.*

La création de prés irrigués étant, comme nous l'avons démontré, une entreprise très lucrative, elle pourrait s'exécuter par l'industrie privée, sans subvention ni secours de l'État.

L'établissement d'une compagnie financière qui fournirait des capitaux n'éprouverait aucun obstacle. On ne demanderait au gouvernement que son appui moral.

§ II. — *Personnel à composer.*

Il y a dans la culture des prés deux parties bien distinctes, la création et l'entretien.

Confondre ces deux fonctions, ce serait oublier complètement le grand principe de la division du travail. Peu importe que le créateur et l'entreteneur s'exercent sur le même terrain ; leurs travaux diffèrent, et autant vaudrait confondre celui qui produit la viande et celui qui la débite ; le boucher serait mauvais éleveur, et l'éleveur mauvais boucher.

La création des prés exige des connaissances très supérieures à celles que demande leur entretien. Ainsi, vouloir créer avec ceux qui ne savent qu'entretenir, ce serait demander à des instrumens imparfaits un travail au-dessus de leurs forces.

On ne doit pas davantage confier l'entretien à des créateurs, ce serait les ravaler : leur coopération deviendrait trop chère, puisqu'ils exigeraient pour un travail subalterne le salaire dû à la valeur intrinsèque de leur capacité. On pourrait certainement labourer avec des chevaux de course et faire en platine les socs de charrue ; mais les labours n'en vaudraient pas mieux et coûteraient le centuple.

Pour faire bien et à bon marché, il faut réduire toutes les dépenses à leur plus simple expression : or, les frais d'éducation des employés sont une des dépenses les plus considérables.

Les créateurs de prés devraient ne faire que cela ; une prairie à peine terminée, ils devraient passer à une autre, laissant à des irrigateurs d'entretien le soin de conserver leurs travaux. Il se créerait ainsi des hommes spéciaux, munis d'une instruction pratique complète et perfectionnée par une longue expérience.

Aujourd'hui la création des prés n'est pas une carrière ; l'agronome qui possède des terrains irrigables

les irrigue quelquefois; mais, privé d'études préliminaires, il exécute au hasard et par conséquent chèrement. Quand il a acquis à ses dépens l'expérience nécessaire, il pourrait faire mieux et à meilleur compte, mais son travail est terminé, il n'a pas l'occasion d'en entreprendre un autre.

Ainsi, toutes les irrigations nouvelles se créent dans les conditions les plus désavantageuses, avec des hommes neufs qui ne s'instruisent qu'à mesure que le travail avance, et qui ne possèdent leur science que quand ils n'en ont plus besoin. Et cependant l'irrigation donne des résultats profitables. Que serait-ce si elle était habilement dirigée!

Nous avons dit que la création d'une compagnie financière était une nécessité ; voici comment opérerait cette compagnie.

La création d'un pré serait pour elle une opération indépendante du désir de conserver. Nous voyons tous les jours un cultivateur élever un cheval pour le vendre; il l'achète petit et le revend gros : il en serait de même de la compagnie, elle élèverait des terrains. Après les avoir achetés à l'état de terres arables, ou de landes, ou de marais, elle les revendrait à l'état de prés irrigués, réalisant un large bénéfice sur l'opération et laissant riche en fourrage le pays qu'elle aurait pris stérile.

La compagnie parcourrait ainsi toute la France, utilisant les eaux des fleuves, des rivières et de ces ruisseaux abondans qui sillonnent les pays de montagnes. Elle pousserait toujours en avant ses créateurs de prés, qui, au bout de peu d'années, seraient remplacés par des entreteneurs. Ainsi se multiplieraient sans frais les exemples de l'irrigation intelligente. Chaque arrondissement aurait bientôt ses arrosemens que les cultivateurs voisins viendraient étudier pour en imiter chez eux les méthodes. On voit que le succès reposerait en entier sur un bon choix des employés destinés à créer et entretenir. C'est à la formation de ces hommes que l'administration devrait donner tous ses soins.

Pour bien faire comprendre en quoi le créateur de prés diffère de l'entreteneur, il suffit de rappeler les premiers élémens de la science.

L'entreteneur de prés doit connaître les instrumens spécialement utiles à l'irrigation, et savoir s'en servir. Il doit savoir quelle masse d'eau doit passer sur une étendue donnée; quel laps de temps elle peut y couler sans faire mourir la racine des plantes; qu'elle est l'époque la plus favorable pour l'irrigation, science plus difficile qu'elle ne le paraît, parce qu'elle se complique d'observations sur l'état de la température, sur la nature particulière de chaque sol et sur les différentes espèces d'herbes qui y dominent. Il doit reconnaître à la simple inspection le moment où les prés ont besoin d'être humectés, même aux époques où l'irrigation proprement dite serait nuisible.

Il doit connaître les plantes fourragères, et savoir quel régime multiplie les uns et détruit les autres.

Il doit être très versé dans l'art de faire disparaître, aux moindres frais possibles, les laîches, joncs et autres plantes de marécage qui peuvent surgir dans les prés arrosés en cas de faute faite, et qui ôtent au foin souvent sa qualité, et toujours sa valeur marchande.

Il doit connaître l'art de tirer parti du foin, de se

créer des débouchés, ou de l'utiliser sur place par l'élève ou l'engrais des bestiaux, etc., etc.

On trouverait au besoin des entreteneurs de prés dans plusieurs parties de la France, surtout parmi les anabaptistes qui cultivent une partie de nos départemens du nord-est.

Pour les créateurs de prés, il faudrait les former et ils ne pourraient l'être que dans une école spéciale. Outre les connaissances qui viennent d'être énumérées, qu'ils devraient posséder en commun avec les entreteneurs de prés, on devrait leur enseigner : 1° les mathématiques élémentaires, de sorte qu'ils puissent exécuter facilement les opérations de cubage, de nivellemens et de conduites d'eau ;

2° Un peu d'hydraulique, pour qu'ils connaissent l'effet de l'eau sur son fond et ses rives, dans les chutes, rapides, tournans, remous, etc. ;

3° Un peu de mécanique et de construction, pour leur faciliter l'établissement des barrages et autres travaux, soit en bois, soit en maçonnerie ;

4° L'agriculture proprement dite, pour qu'ils connaissent l'effet des divers amendemens et pour qu'ils puissent rendre productifs les travaux préparatoires qui doivent quelquefois précéder de deux ans la création des prés ;

5° La comptabilité, pour qu'ils puissent rendre aux autres et à eux-mêmes raison des résultats obtenus ;

6° Quelque teinture des lois rurales et des usages administratifs, afin qu'ils sachent se défendre contre les exigences de toutes sortes qui viennent assaillir les entreprises nouvelles, de la part même de ceux qui devraient les encourager.

Enfin, ils devraient apporter à l'école ce qu'ils ne peuvent y acquérir, la fermeté de caractère nécessaire pour se faire respecter et obéir d'un atelier nombreux et pour résister aux préventions qui les attendent dans des pays ignorans, préventions quelquefois capables de faire hésiter les moins timides.

Cette école aurait peut-être besoin de la protection toute spéciale et des secours du gouvernement; mais quand on songe que de nombreuses écoles d'agriculture à la charrue sont soutenues par lui, sous le nom de fermes-modèles, on doit admettre que les intérêts de l'agriculture sont présens à sa pensée. Après avoir fait beaucoup pour les céréales, il croira probablement utile de faire aussi quelque chose pour la production des bestiaux dont le besoin se fait vivement sentir. Nous avons exposé plus haut que cette mesure réagirait même sur l'agriculture à la charrue.

La seule difficulté qui se présente consiste dans la simultanéité qui devrait exister entre la création d'une compagnie et la création d'une école. Ces deux établissemens doivent prendre naissance à-la-fois, s'appuyer l'un sur l'autre, et être dirigés par la même main.

Mis sous deux directions, ils manqueraient d'ensemble. Une compagnie sans école manquerait d'agens; une école sans compagnie manquerait de débouchés pour ses élèves.

CHAPITRE V. — RÉSULTATS.

La masse de foin étant augmentée en France dans une énorme proportion, la masse des bestiaux croîtrait en conséquence. Nous ne dépendrions plus des étrangers pour notre consommation intérieure; nous n'irions plus chercher au-dehors des animaux, des laines, des crins, du beurre, des fromages, des peaux, des poils, des graisses, pour une valeur annuelle de plus de 60,000,000 fr.

« Plusieurs millions d'hectares de notre territoire « sont incultes, dit M. Dupin, et n'attendent, pour de- « venir fertiles, que des engrais suffisans »; ce qu'il n'ajoute pas, c'est que ces engrais suffisans existent sur notre sol et que nous les laissons perdre sur place, pour ne pas nous donner la peine de les utiliser. Ils existent dans le lit de toutes les rivières; ils sont distribués sur toute la surface de la France; ils s'offrent à nous dans tous les départemens, et notre incurie les laisse s'en aller à la mer, sans que nous daignions nous baisser pour les ramasser. On ne voit point les cultivateurs laisser pourir sur pied les récoltes qu'ils ont semées. Lorsque le foin est mûr, ils le fauchent; et s'ils agissaient autrement, ils paraîtraient atteints de folie. Mais font-ils bien usage de leur raison, quand ils laissent échapper la matière qui leur donnerait des récoltes qu'ils n'ont pas? Y a-t-il une grande différence entre ne pas semer et ne pas arroser? Si les récoltes manquent souvent ou demeurent pauvres, c'est faute d'engrais; l'engrais manque faute de fourrage.

et le fourrage faute d'irrigation. Des cultivateurs placés au bord de superbes cours d'eau gémissent de ne pouvoir fumer leurs terres et ne demandent au ciel que des engrais pour prospérer. Le ciel pourrait bien dire d'eux ce que Paul Émile disait de Persée : *La grâce qu'il me demande est en son pouvoir.*

Nous ne prétendons pas déduire ici, même en résumé, les immenses modifications qu'apporterait à notre état social la multiplication des bestiaux, poussée assez loin pour nous mettre sur un pied d'égalité avec les étrangers. Ce serait la matière d'un long ouvrage. Nous présenterons seulement quelques considérations.

Il y a peu de mois que la France, voulant remonter sa cavalerie, trouva fermées les portes de ses voisins et n'obtint qu'une partie des chevaux dont elle avait besoin. Le temps s'étant remis à la paix, le manque de chevaux fut passager et sans suites fâcheuses ; mais que serait-il arrivé si, la défense d'exportation continuant, la guerre eût éclaté ? La France eût forcément monté sa cavalerie sur des chevaux de trait. Pense-t-on qu'une pareille cavalerie eût été agile et rapide ? Se représente-t-on nos spahis poursuivant les Bédouins sur des chevaux de charrue ? Les plus braves cavaliers font peu de besogne s'ils sont trop mal montés et, à nombre égal, la cavalerie française se fût certainement fait battre par la cavalerie allemande.

Dans une question aussi vitale que celle de l'organisation de notre armée, et après l'expérience récente que nous avons faite, est-il prudent de demeurer à la merci d'étrangers qui peuvent d'un jour à l'autre devenir nos ennemis ?

Nos fabriques sont toutes en souffrance par suite de notre disette de matières animales. A quoi sert à nos fabricans de draps leur habileté incontestée ? Ils paient la laine plus cher que les étrangers; ils ne peuvent donc livrer le drap ouvré au même prix qu'eux.

Veut-on voir combien de complications et de froissemens d'intérêts résultent d'un seul faux point de départ ?

Les fabricans d'étoffes demandent l'entrée des laines étrangères; les propriétaires des moutons s'y opposent. Voilà deux classes de Français dans un état d'hostilité et de lutte permanente.

Les fabricans obtiennent, comme dédommagement, des droits à l'entrée des étoffes étrangères : les étrangers, voyant leurs produits frappés chez nous de droits à l'entrée, frappent les nôtres de droits pareils et nous ferment tout débouché au dehors.

On se confond en efforts infructueux pour créer entre ces intérêts divers un accord impossible; on élève ou l'on abaisse les droits de quelques centimes, suivant qu'on veut être agréable aux fabricans, ou aux étrangers, ou aux possesseurs de troupeaux. On ne peut gratifier les uns qu'au détriment des autres et notre marche se fait en rond autour d'un cercle vicieux.

Le vrai remède, ce serait de produire la laine au même prix que les étrangers. Qu'est-ce que les Saxons, et les Anglais qui nous la fournissent ont donc de plus que nous? leur pays vaut-il mieux que le nôtre? non, seulement ils le cultivent mieux; ils n'abusent pas comme nous de la charrue. Ils ne croient pas que l'abondance des récoltes dépende de l'étendue du terrain labouré, abstraction faite des engrais qu'on lui donne. Ils ne pensent pas non plus que les céréales soient le seul fruit de la terre et que les animaux ne soient qu'un produit secondaire et accidentel. Enfin, ils n'ont pas chez eux un morcellement de culture exagéré (morcellement qu'il ne faut pas confondre avec celui de la propriété).

Tous nos producteurs gémissent du défaut de débouchés. Il ne faut pas qu'ils comptent s'en créer beaucoup chez les étrangers. La France paraît décidée à s'isoler d'eux de plus en plus et à produire tout ce qu'elle consomme; ne voulant rien acheter d'eux, elle doit s'attendre à ne leur rien vendre. Mais puisque, par un effet de sa propre volonté, elle a renoncé à servir les consommateurs du dehors, ne doit-elle pas attacher d'autant plus de prix aux consommateurs du dedans? Ne doit elle pas non-seulement conserver avec un soin jaloux, mais encore étendre ce marché qui bientôt lui restera seul? Il n'y a pas en France un seul prolétaire qui ne consomme tout ce qu'il peut produire et qui ne désire consommer bien au-delà. Ce n'est pas la bonne volonté qui leur manque en fait de consommation, c'est la puissance. Que l'aisance se répande parmi eux et ils tripleront leur demande en vêtemens, vivres et objets de toute sorte : or, nulle classe de consommateurs n'est aussi nombreuse en France que celle qui vit de l'agriculture, puisqu'elle comprend les deux tiers de la population et nulle mesure ne peut répandre parmi elle autant d'aisance que l'irrigation. En l'encourageant, on donnerait donc à la presque totalité de nos manufactures un développement d'autant plus précieux qu'il ne coûterait rien à l'État et qu'il serait indépendant des décisions des Chambres belges et des lois de douane des Américains.

Notre agriculture doit lutter contre des difficultés nombreuses et variées; les principales sont l'extrême division des exploitations agricoles, l'absence d'un code rural, la pauvreté et le défaut d'instruction de nos cultivateurs.

En attendant que des mesures prises sur un plan plus vaste viennent porter remède à ces maux, nous pouvons en atténuer les suites en facilitant les associations, en formant des hommes, en réunissant des capitaux et en ne combinant pas nos lois de manière à donner à l'ignorance et à l'envie le pas sur l'activité, les lumières et le progrès.

D'ESTERNO,

Membre de la Société d'Agriculture d'Autun.

P. S. Si ce mémoire obtenait l'approbation du conseil général d'agriculture; si surtout le conseil lui trouvait un côté pratique, et voulait encourager quelques essais d'application, l'auteur lui ferait parvenir un supplément, attendu qu'il sent parfaitement l'insuffisance de ce mémoire sous tous les rapports, mais particulièrement sous le rapport de l'étendue.

RAPPORT DE M. DE GASPARIN

Sur le mémoire précédent,

Adopté par le Conseil général d'Agriculture.

Je n'abuserai pas de vos momens; nous avons déjà traité longuement dans cette session la question des irrigations, en répondant aux vœux si vivement exprimés par le pays tout entier.

Mais le travail très remarquable de M. le comte d'Esterno ne peut être passé sous silence. Homme pratique et d'exécution, il tend à faire franchir rapidement toute la période théorique pour arriver à des faits.

Ainsi, écartant dans ce rapport tout ce qui me ferait rentrer dans les faits déjà connus, je vais m'attacher à ce que ce travail a de spécial et de particulier.

M. le comte d'Esterno arrive avec des expériences déjà faites. Il a, dans les environs d'Autun, pratiqué sur une grande échelle ce qu'il voudrait propager aujourd'hui par le moyen de l'association.

Son but est l'exploitation des affluens secondaires. Il sent que, pour débuter dans cette carrière, il faut s'attacher à ces courans qui descendent directement des montagnes ou des plateaux élevés et qui, sur un cours borné, présentent de grandes différences de niveau.

C'est ce principe qui a dominé en Italie, quand on s'est adressé à l'Adda de préférence au Pô ; c'est que les grands fleuves occupent le fond des vallées, qu'il faut alors un grand développement de travaux pour atteindre le niveau des plaines.

L'auteur est d'autant mieux dans le vrai ici qu'il s'adresse au centre de la France, où les rivières secondaires conservent de l'eau en été, bien différent du midi, où il n'y a en été qu'un fleuve ou des torrens desséchés. Là, il faut de grands et longs canaux empruntés au cours principal par l'action sociale tout entière ; ici des individus, des compagnies justement protégés, comme tout ce qui est utile au pays : d'un côté, l'entreprise grande, gigantesque, nationale, s'étendant méthodiquement sur toute une contrée à la manière lombarde ; de l'autre, une foule de centres divers, projetant les uns vers les autres et tendant à se réunir : dans le midi, c'est la grande tache régulière et presque unique envahissant le pays ; ici, c'est une multitude de points qui tendent à se rapprocher et à se joindre. Qui ne sent que ce second effet peut être sollicité de suite, que les moindres secours sont efficaces, qu'on peut multiplier les études et les accomplir presque immédiatement.

Le gouvernement peut-il là refuser son appui moral que demande l'auteur, et mieux que cela au besoin ?

Le pétitionnaire ne borne pas là ses préoccupations. Il voudrait joindre à la création d'une compagnie que j'appellerai nomade, qui irait jeter ses établissemens sur la surface du pays, à un corps de créateurs qui livreraient le travail tout fait aux exécuteurs de l'œuvre, des écoles spéciales où l'étude théorique et pratique des irrigations fût professée. C'est sous toutes les formes une véritable et rapide propagande que l'auteur vous demande.

Savez-vous bien que la France n'a ni théorie, ni pratique en fait d'irrigation? et que quand M. Naville de Châteauvieux a voulu changer en Bourgogne des champs en prairies, c'est en Italie qu'il a dû chercher ses agens, ses ingénieurs et ses ouvriers; mais il faut à-la-fois la constance et la richesse pour agir ainsi. Que de vœux doivent rester impuissans dans notre pays, faute de ces deux auxiliaires!

La pétition que vous recommande votre commission est très remarquable. Elle avait tout compris avec un rare discernement, tout ce que nous avions déjà développé ici; mais elle ajoute ces deux faits nouveaux des compagnies nomades et de l'école d'irrigation, dont j'ai cherché rapidement à vous faire sentir la portée.

Ces deux pensées se lient intimement à l'œuvre tout entière de la régénération de l'agriculture française par la pondération des élémens.

Ces pensées sont par votre commission recommandées à l'appréciation et à la sollicitude de M. le ministre de l'agriculture.

EXTRAIT

D'UN AUTRE RAPPORT DE M. DE GASPARIN

Au Conseil général d'agriculture,

En date du 11 Janvier 1842, adopté par le Conseil général d'Agriculture.

On a vu dans le rapport qui précède que M. de Gasparin avait déjà présenté au conseil général ses vues sur la nécessité de multiplier les prairies naturelles. *Nous avons* dit-il, *déjà traité longuement dans cette session la question des irrigations, en répondant aux vœux si vivement exprimés par le pays tout entier.*

Comme les rapports de M. de Gasparin ont obtenu

l'approbation complète du Conseil général d'agriculture, il n'est pas sans intérêt d'en faire connaître la teneur. En voici quelques passages :

« Le bon sens national, dont je vous parlais, ne s'est jamais fait
« mieux sentir que par le cri unanime *irrigation*, qui est parti
« de tous les points du territoire, du midi et de l'ouest, du centre
« et du nord. Rapporteur de toutes ces pétitions et accablé par
« le nombre, je me vois réduit à formuler un vœu général qui se
« trouve lié aux intérêts de tous, qui réponde à cet instinct, à
« cette actualité pressante d'un besoin long-temps méconnu, qui
« se manifeste si vivement aujourd'hui. »

Plus loin il évalue ainsi les pertes que fait éprouver à l'agriculture la négligence que nous mettons à utiliser nos cours d'eau.

« Je sais que les sources de nos montagnes, que nos fleuves
« majestueux roulent annuellement trois milliards à la mer et
« qu'une pensée et une volonté peuvent les fixer sur notre ter-
« ritoire ! »

Enfin après avoir établi par des raisonnemens irréfragables la nécessité de reconnaître le droit de passage sur des tiers aux eaux destinées à l'irrigation, il conclut en ces termes :

« Je termine........ en demandant une loi qui règle toute la
« matière, qui protège plus efficacement que tout ce qui a existé
« jusqu'à présent chez aucun peuple, la libre circulation des eaux
« d'arrosage et qui la regarde comme d'utilité publique.

« Car, je le déclare, sans ces mesures, nous lutterions vaine-
« ment contre les climats pondérés où l'équilibre est établi entre

« la chaleur et l'eau, équilibre qui décide de la supériorité agri-
« cole de l'Angleterre, des rives du Rhin et des climats analo-
« gues, équilibre qu'il nous faut créer à notre tour et dans les
« proportions d'une nature plus grande pour nos belles pro-
« vinces. »

« C'est le cri de salut et de rédemption, l'apostolat de la loi
« nouvelle, le baptême agricole du pays. »

Après avoir pris connaissance des documens qui précèdent, M. d'Esterno a pensé que le moment était venu de sortir des théories pour arriver à la pratique. Après s'être entouré des lumières que pouvaient lui fournir les hommes spéciaux, soutenu d'ailleurs par les encouragemens du président et du vice-président du conseil général d'agriculture, il propose l'adoption du projet de loi suivant.

Si ce projet s'écarte sur quelques points de détail des vues qu'il avait émises dans son mémoire au conseil général d'agriculture, on doit y voir seulement la preuve qu'il s'est éclairé en conversant avec des hommes instruits ou bien qu'il a fait quelquefois céder ses opinions personnelles, soit aux nécessités de l'époque, soit aux vues des hommes supérieurs qu'il a consultés.

PROJET DE LOI

SUR L'IRRIGATION.

Article premier.

Si les deux rives d'un cours d'eau appartiennent au même propriétaire, il peut en prendre toute l'eau pour l'irrigation de ses terrains, à la charge par lui de la rendre à son cours naturel, immédiatement au-dessous de sa propriété.

Art. II.

Si les deux rives appartiennent à deux propriétaires différens, chacun d'eux a droit à la moitié de l'eau, à moins que l'une des deux rives ne soit trop élevée pour que l'eau puisse y être conduite, auquel cas le propriétaire de la rive opposée pourra prendre toute l'eau sans payer d'indemnité.

Art. III.

Si les deux propriétaires riverains veulent et peuvent l'un et l'autre se servir de l'eau pour l'irrigation, le barrage devra se faire entre eux à frais communs, les canaux de dérivation nécessaires pour utiliser le barrage demeurant à la charge de celui qui devra en profiter.

Art. IV.

Si l'un des deux propriétaires veut se servir, pour arroser la rive qu'il possède, de la moitié du cours d'eau à laquelle il a droit, et que le propriétaire de la rive opposée ne veuille pas faire d'irrigation, le premier n'en aura pas moins droit à l'établissement d'un barrage; mais alors il le fera seul à ses frais.

Art. V.

§ 1. Dans ce cas, il demeurera responsable de tous dommages et dégradations qui pourraient survenir à la rive opposée, par suite de l'établissement de son barrage.

§ 2. Il sera tenu aussi d'acheter sur cette rive, au prix d'estimation, au moins un are pour servir de point d'appui au barrage.

§ 3. Il pourra provisoirement prendre pour son irrigation toute l'eau de la rivière, mais sans que cette possession puisse lui constituer un droit pour l'avenir, et porter atteinte à ceux que les riverains opposés demeurent libres de faire valoir plus tard.

Art. VI.

Si le cours d'eau est peu rapide et que l'eau ne puisse sortir de son lit qu'à l'aide de barrages et canaux établis en amont sur la propriété d'autrui, ces barrages et canaux pourront être construits au lieu convenable par le propriétaire qui veut arroser, sous les charges et conditions suivantes :

Art. VII.

Il devra payer la valeur de l'emplacement occupé par ses canaux et barrages, y compris un are de chaque côté du barrage, ainsi qu'il est dit au § 2 de l'art. 5, et répondre des dégâts qui pourraient subvenir par suite de ses travaux.

Art. VIII.

S'il y a dans la rivière plus d'eau que n'en peut utiliser le propriétaire qui construit les canaux et barrages et si les propriétaires des terrains intermédiaires situés entre les canaux et la rivière veulent se servir de l'eau de ces canaux pour l'irrigation desdits terrains, ils pourront le faire, mais à la charge par eux de payer une partie des frais d'établissement du barrage et du canal.

Art. IX.

L'eau et les frais seront répartis dans une proportion égale et en raison de l'étendue des terrains arrosables, en ce sens que chaque hectare recevra une masse d'eau égale et paiera une part égale des frais du barrage et du canal, quelle que soit l'étendue possédée par chaque propriétaire.

Art. X.

Les propriétaires de terrains intermédiaires, qui se seront associés à l'entreprise des canaux et barrages et aux bénéfices de l'irrigation, n'en auront pas moins droit à une indemnité pour la valeur de leurs terrains occupés par le canal ; mais ils contribueront eux-mêmes au paiement de cette indemnité, comme les autres propriétaires profitant de cette irrigation et en proportion de l'étendue arrosée. On doit comprendre que ce sont les terrains qui paient et non pas les propriétaires.

Art. XI.

Toute association de propriétaires, organisée en syndicat ou sous toute autre forme, jouira collectivement des mêmes droits qu'un propriétaire isolé.

Art. XII.

Lorsque l'eau qui aura servi à l'irrigation ne pourra, par suite de l'inclinaison du terrain, être rendue à son cours naturel immédiatement au-dessous des terrains irrigués, les terrains inférieurs seront tenus de souffrir, moyennant indemnité, la création d'un canal pour reconduire l'eau à la rivière.

Art. XIII.

Les usines situées en aval des terrains irrigués ne pourront former aucune opposition. Les indemnités qu'elles auraient à prétendre continueront à être réglées par les tribunaux, conformément à la législation existante.

Art. XIV.

Les indemnités prévues par les art. 5, 7, 8, 9, 10 et 13 de la présente loi seront réglés à dire d'experts, conformément à la législation existante.

Art. XV.

Il n'est rien innové aux lois et réglemens antérieurs qui investissent l'administration du droit d'autoriser ou de refuser l'établissement des barrages sur les rivières flottables ou navigables.

Art. XVI.

Dans tous les cas non prévus par la présente loi, le droit de passage pour les eaux devant servir ou ayant servi à l'irrigation sera régi par l'art. 682 du C. C., en vertu duquel le propriétaire d'une enclave peut *passer sur les fonds de ses voisins pour l'exploitation de son héritage*, avec cette différence que le propriétaire de l'enclave doit passer toujours par la voie la plus courte, tandis que l'eau doit avoir son passage de la rivière au terrain arrosé et de ce terrain à la rivière par la ligne que suivent les niveaux d'eau.

Imprimé chez Paul Renouard, rue Garancière, n. 5.

www.ingramcontent.com/pod-product-compliance
Lightning Source LLC
LaVergne TN
LVHW050454160826
845677LV00003B/785

* 9 7 8 2 3 2 9 6 6 9 7 2 4 *